U0189963

山东省工程建设标准

住宅外窗工程水密性现场检测技术规程

On-site inspection technology procedures of watertightness for residential building external windows

DB37/T 5001-2021
住房和城乡建设部备案号： J12470-2021

主编单位：青岛市建筑工程质量监督站
批准部门：山东省住房和城乡建设厅
　　　　　山东省市场监督管理局
施行日期：2021 年 11 月 01 日

2021 年　　济　南

山东省住房和城乡建设厅
山东省市场监督管理局

关于发布山东省工程建设标准《住宅外窗工程水密性现场检测技术规程》的通知

鲁建标字〔2021〕34 号

各市住房城乡建设局、市场监管局，各有关单位：

由青岛市建筑工程质量监督站主编的《住宅外窗工程水密性现场检测技术规程》，业经审定通过，批准为山东省工程建设标准，编号为DB37/T 5001-2021，现予以发布，自 2021 年 11 月 1 日起施行。原《住宅外窗工程水密性现场检测技术规程》DB37/T 5001-2013 同时废止。

本标准由山东省住房和城乡建设厅负责管理，由青岛市建筑工程质量监督站负责具体技术内容的解释。

山东省住房和城乡建设厅
山东省市场监督管理局
2021 年 8 月 10 日

前　言

根据山东省住房和城乡建设厅、山东省市场监督管理局《关于印发〈2020年第一批山东省工程建设标准制修订计划〉的通知》（鲁建标字〔2020〕11号）的要求，为解决山东省建筑工程外窗渗漏工程质量问题，保障工程质量，为检测提供技术支持，编制组参考了国家、行业和地方相关标准规范，经广泛调查研究，并在广泛征求意见的基础上，结合山东省实际，修订了《住宅外窗工程水密性现场检测技术规程》（DB37/T 5001-2013）。

本规程修订的主要内容是：修订了渗漏、淋水量等的定义，删除了监督抽测的相关章节。

本规程由山东省住房和城乡建设厅负责管理，由青岛市建筑工程质量监督站负责具体技术内容的解释。在执行本规程过程中，注意总结经验，积累资料，如有意见建议，请反馈至青岛市建筑工程质量监督站（联系人：王琮；地址：青岛市市南区澳门路121号；邮政编码：266071；邮箱：13605321629@139.com；电话： 0532-85062617），以供今后修订时参考。

主 编 单 位： 青岛市建筑工程质量监督站

参 编 单 位： 青岛建国工程检测有限公司

荣华建设集团有限公司

青岛一建集团有限公司

主要起草人员：崔 浩 王 琮 邵良世 曹京强 穆卿妍

张玉忠 薛晓东 张行良 史世鹏 马健勇

李延敏 王大成 孙 波 刘会俊 段祥奂

刘海青 白雪梅 黄 妹 韩丽丽 李明运

姜海磊 孙 晶

主要审查人员：张 毅 王 乔 陈德刚 郑光明 张 峰

于素健 彭新成 王元东 李永凯 陈 真

孟庆华

目　次

Contents

1 总 则

1.0.1 为统一和规范住宅外窗工程水密性现场检测的各项要求和措施，制定本规程。

1.0.2 本规程适用于新建、扩建、改建住宅外窗工程质量验收前的水密性现场检测。

1.0.3 住宅外窗工程水密性现场检测应按照本规程抽样程序、检测技术的规定执行。

1.0.4 住宅外窗工程水密性现场检测除应符合本规程外，尚应符合国家及省现行有关标准的规定。

2 术　语

2.0.1 外窗工程　building external windows engineering

包含门窗产品、安装洞口及门窗安装施工过程。

2.0.2 检测对象　test object

被检测的建筑外窗及其安装连接部位和安装洞口。

2.0.3 安装连接部位　installation position

建筑外窗外框(附框)与墙体等主体相连接的部位。

2.0.4 安装洞口　structural opening

墙体上安设外窗的预留开口及其周围 20 cm 内的墙体。

2.0.5 直射喷淋　direct spray

喷淋设备的喷嘴垂直于被检测对象表面喷水。

2.0.6 水密性　watertightness performance

可开启部分处于正常锁闭状态时，外窗阻止雨水渗漏的能力。

2.0.7 渗漏　water leakage

雨水渗入检测对象内侧界面，把设计中不应浸湿的部位浸湿的现象。

2.0.8 淋水量　volume of water spray

单位时间内喷淋到检测对象室外表面单位面积的水量，单位为 $L/(m^2 \cdot min)$。

3 检测设备

3.1 一般规定

3.1.1 检测设备应有产品合格证，并经检定/校准在有效周期内使用。

3.1.2 喷淋装置可自制，应经过技术确认，满足本规程技术要求。喷淋装置所使用的计量器具应具有产品合格证，并经过检定/校准在有效周期内使用。

3.2 设备

3.2.1 测温仪应满足的要求。

1 量程-20 ℃～+50 ℃，测量精度不宜低于0.1 ℃；

2 非接触式测温；

3 数字显示读数；

4 宜为便携式。

3.2.2 风速仪应满足的要求。

1 量程应不小于20.0 m/s，测量精度不宜低于0.1 m/s；

2 数字显示读数；

3 宜为便携式。

3.2.3 计时设备应满足的要求。

1 应具备24 h显示时间、万年历及秒表计时功能，秒表计时范围宜为1 s～3 600 s，计时精度不宜小于0.1 s；

2 数字显示读数；

3 宜具备连续计时、倒计时，闹钟提醒功能；

4 宜为便携式。

3.2.4 喷淋装置应满足下列要求：

1 喷淋装置应能控制调整流量、压力，喷淋水压、流量应能持续保持稳定，宜具备水压、流量、时间自动记录装置；

2 喷淋装置的直射喷淋范围应能够覆盖被测对象，包含外窗窗体、安装连接部位及安装洞口，形成连续水膜并达到规定淋水量的要求；

3 喷淋装置应便于安装和使用，应具备安全装置，能有效防止设备高空坠落，保证操作人员的人身安全，符合吊篮、升降平台、高空作业车等有关规定；

4 喷淋装置宜具备喷淋水回收及循环使用装置。

3.2.5 喷淋装置的喷嘴应符合以下要求：

1 采用精细雾化喷嘴；

2 所使用喷嘴的喷雾角度、喷嘴流量应相同；

3 喷嘴应按平面点阵均匀布置，相邻喷嘴的间距不应大于喷嘴在 500 mm 距离处在检测对象表面形成的喷射区域范围的直径。

3.2.6 喷淋装置的压力表，应符合以下要求：

1 压力表应能够实时测量整个喷淋设备最末端的压力；

2 精度等级不应低于 1.0 级，最大量程不应大于 1 MPa。

3.2.7 喷淋装置的流量计宜采用 SBL 靶式流量计，应符合以下要求：

1 精度不应低于 1.0 级；

2 量程不应小于 2.00 m^3/h。

3.2.8 拍摄装置应满足下列要求：

1 拍摄的照片不应小于 1 280×1 024 像素；宜具备视频录制功能，清晰度不应低于 1080 P；

2 应具备时间记录功能并能自动标识在照片上，时间应能记录，应精确至 1 min；

3 拍摄的照片能自动编号；

4 宜为便携式。

4 抽样程序

4.1 一般规定

4.1.1 住宅外窗工程水密性现场检测的检测对象应在安装质量检验合格的批次中随机抽取。

4.1.2 住宅外窗工程水密性现场检测为验收抽样检测，应由具备资格的第三方检测机构承担。

4.2 验收抽样检测

4.2.1 验收抽样检测分为普检、复检和全检。

4.2.2 普检即第一次验收抽样检测。检测前，该工程的外窗应已进行气密、水密、抗风压性能的进场复验并检测合格，外窗及安装连接部位应按照设计要求安装施工完毕，并达到正常使用状态，施工单位应自检完毕，建设（监理）检查确认自检结果。

4.2.3 普检抽样应由检测机构会同建设（监理）、施工单位共同选取。抽取的检测对象最小数量应满足表 4.2.3 规定，抽取的检测对象应采用随机方式抽取。当普检外窗工程有 1 个及 1 个以上出现水密性不合格，应进行复检。

表 4.2.3 普检外窗工程抽样最小数量（个）

外窗工程总数	最小数量	外窗工程总数	最小数量	外窗工程总数	最小数量
2～8	2	91～150	8	3201～10000	80
9～15	2	151～280	13	10001～35000	125
16～25	3	281～500	20	35001～150000	200
26～50	5	501～1200	32	150001～500000	315
51～90	5	1201～3200	50	500001 及以上	500

4.2.4 复检前，该工程的外窗应由建设（监理）会同施工单位针对普检发现的问题进行整改。

4.2.5 复检抽样应由检测机构会同建设（监理）、施工单位共同选取。抽取的外窗最小数量应满足表 4.2.5 规定。抽取的检测对象应采用随机方式抽取，普检检测发现的渗漏外窗必须进行复检。复检对象有 1 个及 1 个以上出现水密性不合格，应进行全检。

表 4.2.5 复检外窗工程抽样最小数量（个）

外窗工程总数	最小数量	外窗工程总数	最小数量	外窗工程总数	最小数量
2～8	3	91～150	32	3201～10000	315
9～15	5	151～280	50	10001～35000	500
16～25	8	281～500	80	35001～150000	800
26～50	13	501～1200	125	150001～500000	1250
51～90	20	1201～3200	200	500001 及以上	2000

4.2.6 全检是发现的渗漏外窗工程应由建设（监理）会同施工单位进行整改后，委托检测机构按照本规程第 5 章的要求逐个对象进行水密性现场检测，若仍有渗漏，应再进行整改，直至全部检测对象水密性

现场检测合格。

4.2.7 施工单位宜参照本规程第 5 章的要求，在验收抽样检测前采用全数检测方案组织外窗水密性现场自检。

5　检测技术

5.1　一般规定

5.1.1 检测前应具备以下资料：

1 工程名称及建设单位、施工单位、设计单位、监理单位、外窗生产厂家、自检结果等信息；

2 外窗气密、水密、抗风压性能进场复验检测合格报告；

3 外窗种类及数量等相关信息。

5.1.2 检测对象的数量和位置，应按照本规程第 4 章的规定进行抽取。

5.1.3 喷淋用水应使用自来水等洁净水源，严禁使用海水、工业废水、生活污水等对建筑物有侵蚀、污染的水源。

5.2　现场验收检测

5.2.1 检测人员应首先对被检对象的室外风速进行测量并记录，当检测的最高位置风速超过 8.0 m/s 时，严禁进行检测。

5.2.2 检测人员应对被检对象的外窗温度进行测量并记录，选择除玻璃之外的窗体室外面的任意三点测量温度，记录三点平均值。当温度平均值低于 3 ℃时，应采取有效措施保持水温不低于 3 ℃方可进行喷淋检测。当室外温度低于 0 ℃时，不宜进行检测。

5.2.3 安装喷淋装置，喷嘴应距离被检外窗外表面 0.5 m～0.7 m，将被检外窗正常关闭。在喷淋开始前，检测人员应在室内对喷淋检测对象拍摄全照，照片分辨率不小于 1 280×1 024 像素。

5.2.4 调节喷淋设备的直射喷淋水压，水压应为 0.10 MPa～0.12 MPa。

5.2.5 对整个检测对象包含窗体、安装连接部位及安装洞口范围内持续、均匀直射喷淋 5 min，形成稳定连续的水膜。淋水量内陆地区不应小于 2 L/(m^2·min)，沿海地区不应小于 3 L/(m^2·min)。

5.2.6 喷淋过程及喷淋结束后 30 min 内，检测人员应在室内不间断地进行观测，当发现出现渗漏时，应记录渗漏的位置和时间。喷淋试验未结束的应再持续 1 min，喷淋试验已结束的应立即再增加 1 min。

5.2.7 因故终止检测的应重新开始喷淋检测。如已出现渗漏现象的，检测人员应详细记录中断的时间和原因，并在检测报告的检测说明中予以陈述。

5.2.8 检测人员应在检测原始记录上详细记录喷淋开始、结束、出现渗漏的时间，时间记录精确至 1 min。

5.2.9 喷淋结束后，在拆卸喷淋设备以前，检测人员应在室内对检测对象拍摄全照，照片分辨率不小于 1 280×1 024 像素。有渗漏的外窗，拍摄的照片应能清晰地辨认出渗漏位置，应在照片上用编号逐一标识出渗漏的位置。报告和原始记录上还应清楚地描述检测对象的位置、喷淋的面积、喷淋用水总量、所有渗漏的位置和时间。

5.2.10 当检测部位出现渗漏时，该检测对象水密性现场检测判为不合格。

5.3 检测记录及报告

5.3.1 检测报告和原始记录宜参照资料性附录A、资料性附录B的格式。检测报告至少包括下列信息：

1 工程名称、工程地点、施工单位、监理单位、外窗生产厂家、外窗安装单位、外窗总数、抽检数量；

2 被检测对象位置描述、安装连接部位密封材料、规格尺寸、型材品种、开启形式、密封形式、玻璃种类和厚度、喷淋面积、喷淋水总量、渗漏点数、喷淋开始时间和结束时间、渗漏时间、喷淋检测前后照片；

3 检测使用的主要仪器设备；

4 现场描述，是否符合本规程检测条件的要求；

5 环境条件，天气情况、现场温度、风速实测数据；

6 检测类型、检测日期和检测人员；

7 检测结论。

资料性附录 A

表 A.0.1 住宅外窗工程水密性现场检测报告

报告编号　　　　　　　　　　　　　　　　　　　　　　共　页第　页

<table>
<tr><td>委托单位</td><td></td><td>委托日期</td><td></td></tr>
<tr><td>工程名称</td><td></td><td>检测日期</td><td></td></tr>
<tr><td>施工单位</td><td></td><td>监理单位</td><td></td></tr>
<tr><td>生产厂家</td><td></td><td>检测类型</td><td></td></tr>
<tr><td>外窗安装
单位</td><td></td><td>外窗总数</td><td></td></tr>
<tr><td>检测依据</td><td></td><td>抽检数量</td><td></td></tr>
<tr><td>工程地点</td><td colspan="3"></td></tr>
<tr><td>现场描述
环境情况</td><td colspan="3"></td></tr>
<tr><td>检测设备</td><td colspan="3"></td></tr>
<tr><td>检测结论</td><td colspan="3">检测机构：（盖章）</td></tr>
</table>

批准：　　　　　校核：　　　　　主检：　　　　　签发日期：

续表A.0.1 住宅外窗工程水密性现场检测报告

共　页第　页

<table>
<tr><td>检测编号</td><td></td><td>开启形式</td><td></td><td>窗高窗宽</td><td>mm
mm</td></tr>
<tr><td>安装连接部位密封材料</td><td></td><td>型材规格</td><td></td><td>玻璃种类厚度</td><td></td></tr>
<tr><td>喷淋面积</td><td>m^2</td><td>淋水量</td><td>$L/(m^2 \cdot min)$</td><td>喷淋水压</td><td>MPa</td></tr>
<tr><td>喷淋开始时间</td><td>时　分</td><td>喷淋结束时间</td><td>时　分</td><td>出现渗漏时间</td><td>时　分</td></tr>
<tr><td>检测窗位置描述</td><td colspan="3"></td><td>渗漏点数</td><td></td></tr>
<tr><td>喷淋前照片</td><td colspan="5"></td></tr>
<tr><td>喷淋后照片</td><td colspan="5"></td></tr>
<tr><td colspan="6">检测说明：</td></tr>
</table>

校核：　　　　　　　　　　　　　　主检：

资料性附录 B

表 B.0.1 住宅外窗工程水密性现场检测原始记录

检测编号：　　　　　　　　　　　　　　　　　　　　共　页 第　页

检测窗序号		检测窗位置描述			
窗外风速	m/s	窗体温度	(　　℃+　　℃+　　℃)/3 =　　℃		
开启形式		型材种类		型材系列	
玻璃种类		玻璃厚度		窗高 窗宽	mm mm
喷淋面积	m^2	淋水量	L/(m^2·min)	喷淋水压	MPa
检测日期	年　月　日	喷淋开始时间	时　分	喷淋结束时间	时　分
渗漏点数		照片编号时间	年　月　日　时　分　编号： 年　月　日　时　分　编号：		
检测说明					

续资料性附录 B

检测窗序号		检测窗位置描述			
窗外风速	m/s	窗体温度	(℃+ ℃+ ℃)/3 = ℃		
开启形式		型材种类		型材系列	
玻璃种类		玻璃厚度		窗高 窗宽	mm mm
喷淋面积	m^2	淋水量	$L/(m^2 \cdot min)$	喷淋水压	MPa
检测日期	年 月 日	喷淋开始时间	时 分	喷淋结束时间	时 分
渗漏点数		照片编号时间	年 月 日 时 分 编号: 年 月 日 时 分 编号:		
检测说明					

校核: 主检: 记录日期: 年 月 日

本规程用词说明

1　为了便于在执行本规程条文时区别对待，对于要求严格程度不同的用词说明如下：

（1）表示严格，非这样做不可的：

正面词采用“必须”，反面词采用“严禁”。

（2）表示严格，在正常情况下均应这样做的：

正面词采用“应”，反面词采用“不应”或“不得”。

（3）表示允许稍有选择，在条件允许时首先应这样做的：

正面词采用“宜”，反面词采用“不宜”。

（4）表示有选择，在一定条件下可以这样做的，采用“可”。

2　条文中指明应按其他有关标准、规范执行的，写法为“应按照……执行”或“应符合……的规定（或要求）”。

引用标准名录

1 《高空作业机械安全规则》JG 5099

2 《高处作业吊篮》GB/T 19155

3 《移动式升降工作平台》GB/T 27548

4 《高空作业车》GB/T 9465

5 《计数抽样检验程序 第1部分：按接收质量限（AQL）检索的逐批检验抽样计划》GB/T 2828.1

6 《建筑门窗术语》GB/T 5823

7 《建筑外门窗气密、水密、抗风压性能检测方法》GB/T 7106

8 《建筑外窗气密、水密、抗风压性能现场检测方法》JG/T 211

9 《建筑门窗工程检测技术规程》 JGJ/T 205

附：

山东省工程建设标准

住宅外窗工程水密性现场检测技术规程

DB37/T 5001-2021

条文说明

修订说明

《住宅外窗工程水密性现场检测技术规程》DB37/T 5001-2021，经山东省住房和建设厅以及山东省市场监督管理局2021年8月10日以第34号文公告批准发布。

修订后的规程新增内容有：

1.修订了渗漏、淋水量的定义；

2.删除了监督抽测的相关内容。

修订过程中，编制组进行了调研、召开研讨会等大量调查研究，总结了我国建筑门窗工程设计、施工、检测的实践经验，同时参考了国内外先进技术标准，通过试验，取得了大量重要技术参数。

为便于广大工程监督、建设、施工、监理、检测等单位有关人员使用本规程时能正确理解和执行条文规定，《住宅外窗工程水密性现场检测技术规程》编制组按章、节、条顺序编制了本规程的条文说明，对条文规定的目的、依据以及执行中需注意的有关事项进行了说明。但是本条文说明不具备规程正文同等的法律效力，仅供使用者作为理解和把握规程规定的参考。

目 次

1　总则

1.0.1 住宅外窗工程渗漏问题是当前建筑工程质量的焦点问题，由于现行行业标准《建筑外窗气密、水密、抗风压性能现场检测方法》JG/T 211 中门窗工程水密性现场检测方法操作复杂、适用范围小、检测成本高，《建筑门窗工程检测技术规程》JGJ/T 205 没有针对现场验收检测的批量抽样程序，影响了对住宅外窗工程水密性现场检测和质量监督工作的开展，迫切需要制定科学、经济的住宅外窗工程水密性现场检测技术标准。

1.0.2 外窗工程包含门窗产品、安装洞口及门窗安装工程，水密性现场检测是外窗工程性能类检测。检测对象除建筑外窗本身还包括其安装连接部位、安装洞口。本规程是针对住宅外窗工程验收前的水密性现场检测标准。本规程仅限于住宅外窗工程水密性现场检测，不能替代《建筑外窗气密、水密、抗风压性能现场检测方法》JG/T 211。外窗工程性能类检测定义引用《建筑门窗工程检测技术规程》JGJ/T 205、《建筑外门窗气密、水密、抗风压性能检测方法》GB/T 7106。

1.0.4 外窗工程水密性现场检测工作涉及高空、室外作业，为保障检测人员的人身安全，应严格执行国家、行业有关部门指定的安全技术及劳动保护规定。

3 检测设备

3.2.4~3.2.7 喷淋装置是外窗工程水密性现场检测的核心设备，目前国内按照《建筑外窗气密、水密、抗风压性能现场检测方法》JG/T 211设计、生产的喷淋装置适用范围小、安装复杂，因此本规程只提出了喷淋装置的各项技术指标和要求。

4 抽样程序

4.2 验收抽样检测

4.2.1~4.2.6 为使住宅外窗工程水密性现场检测的科学化、规范化和系统化，规定了验收抽样检测工作的程序和节点，规定了批量抽样的方法、数量和评定规则，规定了检测不合格情况的处理程序。抽样的数量和评定规则依据《计数抽样检验程序 第1部分：按接收质量限（AQL）检索的逐批检验抽样计划》GB/T 2828.1 制定，普检采用 AQL=0.01 及一般检验的Ⅰ水平方案，复检采用 AQL=0.01 及一般检验的Ⅲ水平方案。

4.2.7 本条是为了进一步提高住宅外窗工程水密性质量，加强施工企业的质量自检自控能力。住宅工程宜由施工单位在验收抽样检测参照本规程组织自检。

5　检测技术

5.2　现场验收检测

5.2.1 本条主要考虑现场检测的安全。当风速超过 8.0 m/s 时，严禁进行检测，是依据《高空作业机械安全规则》JG 5099 的有关规定制定的，现场检测尚应符合国家标准或法律法规的有关规定。

5.2.4~5.2.5 喷淋水压参照《建筑门窗工程检测技术规程》 JGJ/T 205 中热带风暴和台风地区水压，设定为 0.16 MPa（160 kPa），非热带风暴和台风地区水压设定为 0.10 MPa～0.12 MPa（100 kPa～120 kPa）。淋水量是依据 GB/T 7106 和 GB 50178 规定执行。山东地区降水量在 400 mm～1 600 mm 之间，故内陆地区取淋水量不小于 2 L/(m^2·min)，考虑到沿海地区经常有台风登陆，淋水量取不小于 3 L/(m^2·min)。

5.2.6 根据《建筑外窗气密、水密、抗风压性能现场检测方法》JG/T 211 有关规定，结合现场检测的实际经验，确定喷淋过程（5 min）和喷淋结束后观测时间（30 min）总计不少于 35 min 的检测时间，基本能够保证发现检测对象的渗漏。观测到渗漏，再追加 1 min 喷淋，是为了对部分只出现轻微水渍的检测对象进行确认。

5.2.7 喷淋过程中因停电、停水等原因中断的，恢复喷淋后，中断前的喷淋不应计入检测时间。

5.2.8 时间记录格式为：年-月-日-时-分。

5.3　检测记录及报告

5.3.1 检测报告的结论宜采用“依据《XXX》，该住宅外窗工程水密性现场共抽取了……个检测对象，共有……个不合格”或“依据《XXX》，该住宅外窗工程水密性现场共检测……个检测对象，全部合格”的典型用语对检测结果进行描述。

图书在版编目（CIP）数据

住宅外窗工程水密性现场检测技术规程 / 青岛市建筑工程质量监督站主编. -- 青岛：中国海洋大学出版社，2021.10

ISBN 978-7-5670-2973-6

Ⅰ. ①住… Ⅱ. ①青… Ⅲ. ①窗－水密结构－质量检验－技术操作规程 Ⅳ. ①TU228-65

中国版本图书馆 CIP 数据核字(2021)第 216975 号

出版发行 中国海洋大学出版社

社　　址 青岛市香港东路 23 号　　**邮政编码** 266071

出 版 人 杨立敏

网　　址 http://pub.ouc.edu.cn

电子信箱 cbsebs@ouc. edu.cn

订购电话 0532-82032573（传真）

责任编辑 孙宇菲 赵孟欣　　**电　　话** 0532-85901092

印　　制 青岛国彩印刷股份有限公司

版　　次 2021 年 10 月第 1 版

印　　次 2021 年 10 月第 1 次印刷

成品尺寸 140 mm×203 mm

印　　张 1.125

字　　数 31 千

印　　数 1~1000

定　　价 15.00 元

发现印装质量问题，请致电 0532-58700166，由印刷厂负责调换。